建设机械岗位培训教材

挖掘机操作

中国建设教育协会建设机械职工教育专业委员会
美国设备制造商协会
中国建设教育协会秘书处

组织编写

中国建筑工业出版社

图书在版编目(CIP)数据

挖掘机操作 / 中国建设教育协会建设机械职工教育专业委员会等编. —北京：中国建筑工业出版社，2008
建设机械岗位培训教材
ISBN 978-7-112-05047-5

Ⅰ. 挖… Ⅱ. 中… Ⅲ. 挖掘机—技术培训—教材 Ⅳ. TU621

中国版本图书馆 CIP 数据核字(2008)第 001588 号

本书是建设机械岗位培训教材之一。主要包括挖掘机的安全、操作、维修保养、工作原理等方面的内容。

本书可作为挖掘机操作人员的培训教材，也可供操作人员参考使用。

责任编辑：朱首明　李　明
责任设计：郑秋菊
责任校对：关　健　孟　楠

建设机械岗位培训教材
挖 掘 机 操 作
中国建设教育协会建设机械职工教育专业委员会
美　国　设　备　制　造　商　协　会
中 国 建 设 教 育 协 会 秘 书 处
组织编写
*
中国建筑工业出版社出版、发行(北京西郊百万庄)
各地新华书店、建筑书店经销
北京天成排版公司制版
北京同文印刷有限责任公司印刷
*
开本：850×1168毫米　横 1/32　印张：2½　字数：67千字
2008年4月第一版　2012年9月第二次印刷
印数：5001—7000　定价：**10.00**元
ISBN 978-7-112-05047-5
(10574)

版权所有　翻印必究
如有印装质量问题，可寄本社退换
(邮政编码　100037)

《建设机械岗位培训教材》编审委员会

主 任 委 员：荣大成
副主任委员：李守林　艾尔伯特·赛维罗(美国)
委　　　员：丁燕成　王　莹　王院银　王银堂　丹尼尔·茂思(美国)
　　　　　　马可及　马志昊　孔德俊　史　勇　田惠芬(兼秘书)
　　　　　　安立本　刘文兴　刘　斌　刘想才　李　云　李　红
　　　　　　李　凯　李增健　李宝霞　冯彩霞　赵义军　赵剑平
　　　　　　陈润余　苏才良　张广中　张　博　张　铁　张　健
　　　　　　陈　燕　郑大桥　涂世昌　郭石群　周凤东　周东蕾
　　　　　　周祥森　周澄非　杨光汉　盛春芳　黄　灿　黄　正

前　言

　　建设机械岗位培训教材《挖掘机操作》，是根据建设部为提高建设机械施工队伍人员整体素质水平的指示精神，和中国建设教育协会与美国设备制造商协会签订的"建设机械培训合作项目"计划的要求，并针对我国目前从事挖掘机操作人员的文化水平等实际情况而编写的。

　　建设机械岗位培训教材《挖掘机操作》的出版发行，将对建设机械岗位培训工作产生重要的影响。

　　该教材借鉴了国内外许多高水平培训教材的编写理念、风格及编写的方式、方法。

　　该教材的读者定位是：挖掘机操作人员及培训教员。因此，该教材更适合于操作国内外各种品牌、机型的挖掘机操作人员的培训需要。

　　该教材力求使挖掘机操作人员通过对本教材的学习，掌握操作挖掘机所必需的安全技术方面的基础知识和通用的、基本的、实用的操作技能，保证设备安全可靠的运行。教材语言简练、通俗易懂；图文并茂，易于理解和使用。

　　该教材是由在挖掘机行业内具有国际影响力、代表挖掘机先进水平的主要知名企业和单位共同编写的。他们为教材的编写工作提供了有力的支持。参加编写工作的单位有：卡特比勒（中国）投资有限公司、威斯特中国投资有限公司、日立建机（上海）有限公司、斗山工程机械（中国）有限公司、小松（中国）培训中心、中国人民武装警察部队交通指挥部、山东交通学院工程机械研究所、合肥中建加美工程机械技术学校、沈阳斗山工程机械有限公司、辽宁恒力工程机械销售有限公司、北京骏马诚信机械有限公司、云南小松工程机械有限公司、河北迈威工程机械销售有限公司、四川邦立重机有限责任公司、江苏斗山机械设备有限公司。

　　陈春明、周石洁同志为统稿主编。丹尼尔·茂思先生为该教材主审。参加编审的人员有：王银堂、张铁、张健、张广中、任瑛丽、安立本、李云、刘建平、秦莹、葛学炎等。赵光赢、郎婷二位同志参与了挖掘机教材的编辑工作。在这里向他们表示衷心的感谢！

　　真诚希望从事挖掘机操作的工作人员能够在培训教员的指导下，认真学习这本教材，让它陪伴您安全地度过每一个既紧张又快乐的工作日。这是教材编写工作人员的最大心愿。

　　因时间仓促，本教材中不妥之处在所难免，恳请提出宝贵意见。

目 录

挖掘机结构图……………………………………………………………………1

一、安全…………………………………………………………………………2
   （一）操作前的准备……………………………………………………………2
   （二）有关行走的手势信号……………………………………………………9
   （三）作业手势信号……………………………………………………………10

二、操作…………………………………………………………………………12
   （一）安全操作…………………………………………………………………12
   （二）操作技术…………………………………………………………………20
   （三）反铲作业法………………………………………………………………28
   （四）发动机的启动……………………………………………………………29
   （五）安全地工作………………………………………………………………32
   （六）行走装置的操作说明……………………………………………………33
   （七）水中工作…………………………………………………………………35
   （八）挖掘机的停放……………………………………………………………36

(九)运输须知…………………………………………………………37
二、维护保养……………………………………………………………41
　　(一)挖掘机的维护保养……………………………………………41
　　(二)三大机构的维护保养…………………………………………43
四、工作原理……………………………………………………………60
　　(一)概述……………………………………………………………60
　　(二)柴油机…………………………………………………………60
　　(三)履带式行走装置………………………………………………69
附录：常见故障表………………………………………………………71
主要参考文献……………………………………………………………74

挖掘机结构图

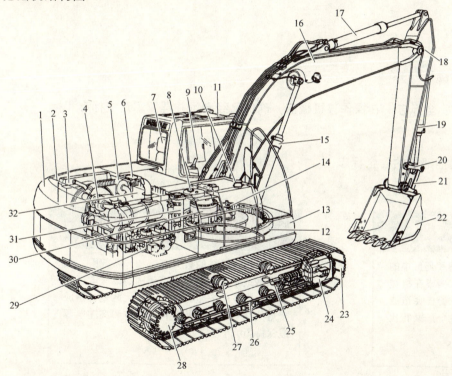

1—配重； 2—发动机罩；
3—散热器和润滑油冷却器；
4—发动机； 5—空气滤清器；
6—蓄电池； 7—驾驶座；
8—液压油箱； 9—跟踪式操纵杆；
10—燃油箱； 11—驾驶室；
12—回转轴承； 13—贮物箱；
14—旋转接头； 15—动臂油缸；
16—动臂； 17—斗杆油缸；
18—斗杆； 19—铲斗油缸；
20—连接装置； 21—动力连接装置；
22—铲斗； 23—履带；
24—张紧轮； 25—履带调节器；
26—支重轮； 27—托轮；
28—带马达最终传动；
29—油泵；
30—带马达回转驱动；
31—旋装式滤清器（回油滤清器）；
32—控制阀

挖掘机操作

一、安全

（一）操作前的准备

1．了解安全标志和标牌

在挖掘机上有若干特定的安全标志。在操作该机械前，确保已经熟悉并理解了这些标志和标牌的内容和含义。

例如：位于驾驶室内或其他部位的安全标志。

警告	警告
在您阅读和理解《操作和保养手册》中的说明和警告之前，不准操作本机械或在机械上工作。不遵照说明去做或忽视警告会造成人身伤亡事故。如不清楚请与各个厂家和代理咨询。	应知道机械的最大高度和伸展范围。如果机械或附件与作业环境周围的高压电源线没有保持一个安全距离，会发生触电并造成严重的伤亡事故。一般情况下应和高压电源线保持 3m 的距离。

一、安 全

2． 了解挖掘机性能和规格

(1) 了解规则

1) 不要在机械上载人。

2) 了解机械的性能和操作特点。

3) 操作机械时不要让旁人靠近，不要改造和拆除机械的任何零件(除非为了维修需要)。

4) 让旁观者或无关人员远离工作区域。

5) 无论何时离开机械，一定要把铲斗或其他附件放到地上。关闭液压锁定手柄，关闭发动机，通过操纵控制手柄释放残余液压压力，然后取下钥匙。

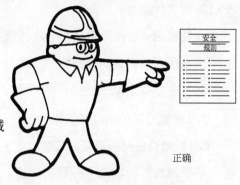

正确

(2) 了解机械

1) 操作机械之前，先阅读操作手册。

2) 能够操作机器上所有的设备：了解所有控制系统，仪表和指示灯的作用；了解额定装载量，速度范围、刹车和转向特性，转弯半径和操作空间高度；记住雨、雪、冰、碎石和软土面等会改

挖掘机操作

变机器的工作能力。

3）准备启动机器之前请再一次阅读并理解制造商的操作手册。如果机器装备了专用的工作装置，请在使用前阅读制造商提供的工作装置的使用手册和安全手册。

3．遵守安全规程

（1）穿戴好工作条件所要求的工作服和安全用品。

（2）配戴好任何所需要的装备和雇主、公用设施管理部门或政府以及法规所要求的其他安全设备，不要碰运气，增加不必要的危险。

诸如：

——安全帽；

——安全鞋；

——安全眼镜、护目镜或防护面罩；

——防护手套；

——耳塞；

——反光防护服；

——雨具；

——防尘面具。

正确

一、安 全

（3）在作业现场任何时间（包括思考问题时）都要戴上安全帽，遵守安全规程。

（4）知道在哪里能够得到援助，了解怎样使用急救箱和灭火器或灭火系统。

（5）认真学习安全培训课程，在没有经过培训的情况下请不要操作设备。

（6）操作失误是由许多因素引起的，如：粗心、疲劳、超负荷工作、分神、药物、酒精等，操作员绝不可以服用麻醉类药物或酒精，这样会损害身体的灵敏度和协调性；服用处方或非处方药物的操作员是否能够安全操作机器，需要有医生的建议。机械的损坏能够在短期内修复，可是人身伤亡造成的伤害是长久的。

（7）为了安全的操作机械，操作员必须是有资格的、得到批准的。有资格是指必须懂得由制造商提供的书面说明，经过培训，实际操作过机器并了解安全法规。

（8）大多数机械的供应商都有关于设备的操作和保养的规则。在一个新地点开始工作之前，向领导或安全协调员询问应该遵循哪些规则，并同他们一起检查机器，保持警惕，避免事故，不要亡羊补牢。

（9）以下事项应注意：

了解工地的交通规则，理解标志、喇叭、口哨、警报、铃声信号的含义。知道转向灯光、转弯信号，闪光信号和喇叭。

挖掘机操作

4．为了安全操作做准备

为了保护操作员和周围的人，机械可以装备下列安全设备，应保证每个设备均固定到位且处于良好的工作状态：

——落物保护装置；

——前挡；

——灯；

——安全标志；

——喇叭；

——护板；

——行走警报；

——后视镜；

——灭火器；

——急救箱；

——雨刷。

确保以上所有装置的良好工作状态且禁止取下或断开任何安全的装置。

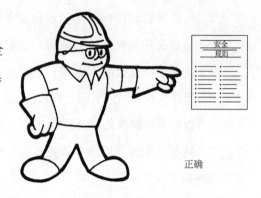

正确

警　告
不要擅自取下落物保护装置和前挡（机械维修除外）！

一、安　全

5．开始工作之前的检查

在开始工作之前，应检查机械，使所有系统处在良好的操作状态下。纠正所有遗漏和错误后，再操作机械。

——检查是否存在断裂、丢失、松动或损坏的零件，进行必要的修理。

——检查轮胎上的缺口、磨损、膨胀程度和正确的轮胎压力。

——更换极度磨损或损坏的轮胎。

——检查履带上是否有断裂或破损的销轴或履带板。

——检查停车和回转制动器是否正常工作。

——检查冷却系统。

警　告
要让散热器冷却后再检查冷却液液位！

6．熟悉工作场地

了解一下情况：

——斜坡的位置；

——敞开的沟渠；

——落物或倾翻的可能；

——土质情况（松软还是坚硬）；

正确

挖掘机操作

——水坑和沼泽地；

——大块石头和突起；

——是否有掩埋的地基、底脚或墙的痕迹；

——是否有掩埋的垃圾或废渣；

——拖运路况是否有坑、障碍物、泥或冰；

——交通路况；

——浓烟、尘土、雾；

——任何埋于地下和架在上空的电线、煤气、水管道或线路。如果必要的话，在开始工作之前，请这些设施公司标明，关闭或者重新安置这些管道或线路。

7．安全上下机械

当登上或离开机械的时候，要绝对做到：

——保持三点接触("三点"指两手一脚)；

——要始终面对机械；

——在机械开动时，绝不要上下机械；

——在你登上或离开驾驶室的时候，驾驶室必须和行走装置处于平行状态。

正确

一、安 全

（二）有关行走的手势信号

安全——将手掌朝向前进方向，前后摆动。

向左进——将手掌朝向左方，横向摆动。

向右进——将手掌朝向右方，横向摆动。

紧急停止——将两手向上张开、高举，激烈地左右大摆动。

停止——将手掌朝向驾驶员，举起不动。

向右稍（慢）靠——将右手举起不动，小摆动左手。

稍微（慢慢）前进——将左掌向驾驶员举起不动，将右手掌朝向前进方向，前后摆动。

慢慢或稍微靠一边——将一只手向前进方向举起不动，用另一只手小摆动来表示靠近动作。

挖掘机操作

（三）作业手势信号

呼叫——单手举高。

上升——单手高举、转圈或手臂水平伸直，掌心向上摆动。

下降——手臂水平伸直，掌心向下摆动。

位置指示——用指头指示出尽可能近的位置。

微动——用小指或食指指挥。其动作与上升、下降、水平移动的信号一致。

翻转——两手臂水平伸直，朝向翻转方向转动。

水平移动——手臂水平伸直，掌心向移动方向多次摆动。（含行走、横行、回转）

一、安　全

 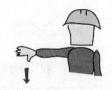

臂的伸缩——先把拳头放在头上。若是伸臂，只伸出拇指向斜上方挥动；若是缩臂，拇指向斜下方挥动。

抬臂——拇指向上，其他指头握紧，向上挥动。

降臂——拇指向下，其他指头握紧，向下挥动。

停止——规矩地高举。但微动也是如此，指头握紧也可以。

紧急停止——将两手向上张开高举，激烈地左右大摆动向下挥动。

作业完毕——行举手礼。

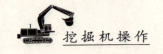
挖掘机操作

二、操作

(一)安全操作

1. 在作业现场行驶

(1)当通过拥挤区域时请减速慢行。

(2)重载机械先行,并与其他机械保持一定的安全距离。

(3)当机械行驶时不要让任何物品挡住视线,铲斗和其他工作装置应置于运输位置上,并保持最大稳定性和视野。为了能有时间控制好机械,请以足够慢的速度操作机械。在崎岖的、冰雪或较滑的地面及山坡上要缓慢行驶。

(4)下坡行驶要挂档,不要挂空档,保持发动机转速,提供转向及制动功能;上下坡行驶使用相同档位。

上下坡时机械发生故障一定要垂直停放机械避免侧翻。

(5)在进入地下通道前,请检查是否有障碍物和通道的空间高度。

(6)认真使用脚刹和手刹,与制造商手册使用的说明保持一致。

二、操 作

(7)避免在陡坡或不平的路面行驶。当在斜坡上操作时,放低挖斗和动臂并谨慎操作。在任何情况下都不要横穿陡坡,这样容易引起侧翻。请直上直下的在陡坡行驶。

错误

呀

慢行保安全

2. 安全预防措施

(1)在开始操作前,保证操作区域内没有其他人。

(2)在操作挖掘机前,拉上停车制动,把传动控制装置放在空档位置,降低稳定装置(如果有),使机械尽量稳定。如果有平衡装置,平衡上车结构。

13

挖掘机操作

(3)请按照制造商手册的建议来操作机械。

警 告

在正确的位置上操作机械。不要在驾驶室外操作机械,否则会造成事故。
在开始挖掘前,请尽可能在操作区域的周围建立屏障,阻止其他人员进入工作区。
决不允许任何人进入机械的操作区,否则会导致严重的伤亡。
决不允许在人员、卡车驾驶室或其他机械上方操作挖斗和其他工作装置。

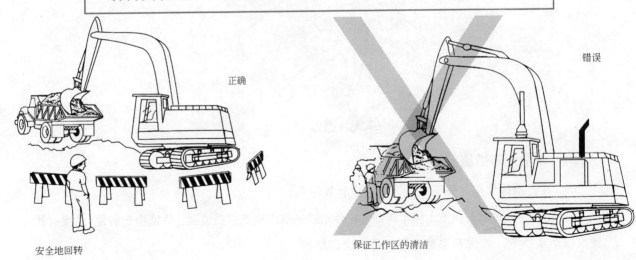

正确

错误

安全地回转

保证工作区的清洁

二、操 作

(4)当在危险的区域工作时,特别是在挖掘处的边缘操作时要特别警惕。请确保机械后撤有足够的距离。

(5)当沿着河岸、悬挂物底部或在建筑物内工作时要小心,当心岩石或泥土滑坡,警惕悬挂的树枝并避免掏空的危险。

警 告

不要在高悬的崖堤下挖掘,崖堤边缘坍塌或滑坡会造成伤亡。操作时,不要让机械靠近悬挂物或料堆的边缘。

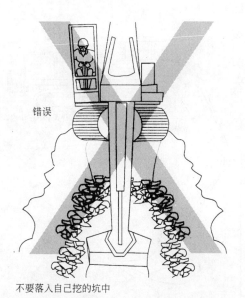

错误

不要落入自己挖的坑中

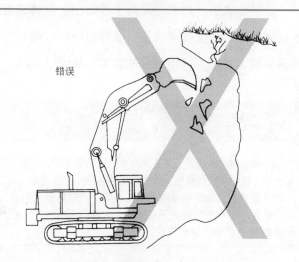

错误

15

挖掘机操作

施工时要避免造成悬挂或在河岸及斜坡上施工。

在河岸或工地上施工要小心,不要靠近边缘施工,尽可能在平地上操作。如果可能,平整场地后再施工。

(6)当稳定装置升高时,小心不要让机械滚入自己挖掘的沟中。

当机械横在斜坡上倾倒物料时,使动臂尽可能转向上坡的一边倾倒重物,如果必须向下坡倾倒,摆臂只要摆到刚刚能倾倒铲斗的程度就可以了。要特别小心。倾倒泥土或岩石时请与挖出的壕沟保持足够的距离,以防止陷落。

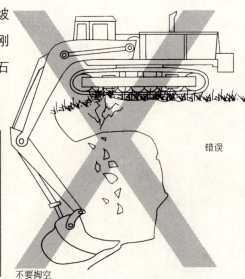

错误

不要掏空

警 告

如果机械已经倾倒,请不要跳车!扎紧安全带,手脚不要伸到驾驶室外,以防被机械抛出,造成严重的伤亡。如果可能,为了保证最大的稳定性,放置支架提高或降低坡度,以避免横过斜坡的危险。

警告:不要在机械正下方挖掘,这样会造成掏空,机械会陷进自己挖掘的坑中,造成事故。

二、操 作

（7）在移动机械前，充分抬高稳定装置并保证离地间隙，然后根据情况向前或向后驱动机械。在机械重新就位后，拉上停车制动，把传动装置放置在空档，降低稳定装置并使机械水平。

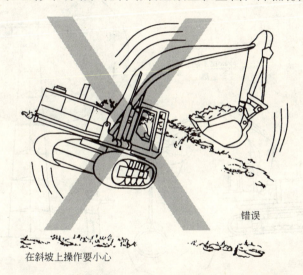

错误

在斜坡上操作要小心

3． 注意空中或地下的公用设施

（1）触碰或接近地下或空中的电缆会造成电击。

挖掘机操作

（2）在挖掘前，应明确煤气管、水管和电缆的具体位置，挖掘前，把地下公用设施标记出来。

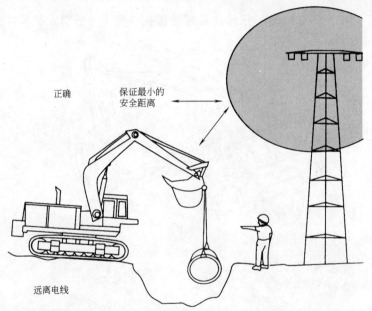

危险：触摸或靠近电源或者靠近连接电源的机器会造成电击。不要让机器的任何部分靠近空中的电源线，除非已经采取必要的安全预防措施。请特别谨慎。检查机器上方、门廊以及顶棚的高度，了解电线、电话线与机器、机器与地面的精确的距离。如果可能，最好切断电源，如果不能切断电源，请求信号员导引。

二、操　作

> **警　告**
>
> 必须保证与地下的煤气管、电缆、电话线和水管需保持的最小距离。

(3) 用挖掘机起重。

(4) 牵引

在路上不建议牵引，如果必须在工地牵引，要用刚性牵引杆(不要用铁链或钢丝绳)；在操作区拖拽时，操作员应该坐在操作员座位上始终保持控制，该项操作请参照制造商手册相关的指示。

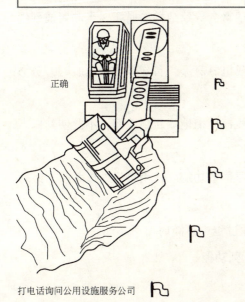

正确

打电话询问公用设施服务公司

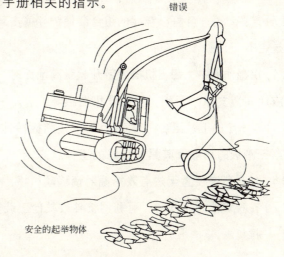

错误

安全的起举物体

19

挖掘机操作

（二）操作技术

1．注意事项

（1）当回转到沟渠时，不要利用沟渠来停止回转动作。

（2）如果动臂撞到堤岸或物体上而反复利用物体来停止动臂会导致结构性损坏，当动臂撞到堤岸或物体时要检查机器是否有损坏。

（3）某些动臂—斗杆—铲斗的组合会使铲斗撞击驾驶室或机器前部。首次操作新工装时，务必检查是否有干涉。

（4）挖掘作业中，每当机器履带升起脱离地面时，应将机器平衡地降回到地面。不要使其摔下或用液压装置支撑，否则，会导致机器损坏。

（5）与一定的工装组合，第三踏板（外接踏板）可以具有不同的功能。使用第三踏板之前，必须了解第三踏板的功能和其具有良好的工作状态。

（6）每当所在位置无法有效挖掘时请移动机械，在工作过程中可随时前后移动。

（7）在狭窄地方工作时，可利用铲斗或其他工装实现下列功能：

——推机器；

二、操 作

——拉机器；

——升起履带。

（8）操作机器时，应选用平稳、舒适的速度。

（9）执行一项工作任务时，使用一个以上的机器操纵杆能够提高作业效率。

（10）将物料装载车停在机械可从其后部或侧面装载物料的位置。均匀地向物料装载车装载，以使物料装载车后桥不至于超载。

（11）过大尺寸的铲斗或装有刀片型侧铲刀的铲斗不应用于岩石类物料。这类铲斗会减缓操作循环，并会导致铲斗或其他机器部件的损坏。

2．禁止的操作

（1）不要利用回转力进行下列操作：

1）压实土壤。

2）破裂地面。

3）摧毁作业。

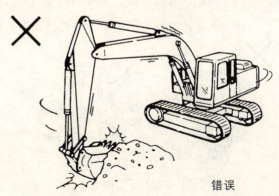

错误

挖掘机操作

（2）铲斗齿在土壤中时不要回转机器。

这些操作会损坏动臂、斗杆或铲斗，并且会降低工装的寿命。

（3）不得利用铲斗落下的力进行锤击。这会使机器的后部承受过大的力，可能造成机器的损坏。

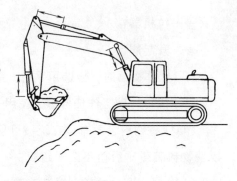

（4）如果操作中液压缸用行程的末端工作，在液压缸内的挡块上会受到过大的力。这会降低液压缸的寿命。为避免产生这个问题，在液压缸工作时应留出一个小的行程余量。

（5）当铲斗在地下时，不要用行驶力做任何挖掘工作，这样作会对机器后部造成过大的力。

（6）不要用机器后部落下的力进行挖掘，这种操作会损坏机器。

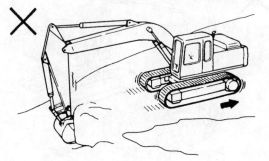

二、操 作

3. 要特别小心的操作

当挖深孔时,不要将动臂降下到动臂底侧接触地面;不要使动臂和履带相互干涉。

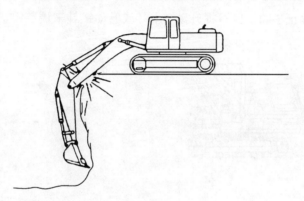

4. 动臂、斗杆和铲斗的操作

(1) 挖掘

1) 将斗杆置于与地面成70°角的位置。

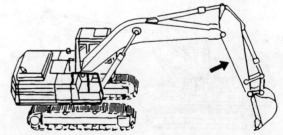

挖掘机操作

2）将铲斗刃放置到与地面成120°角，铲斗此时可发挥最大的破碎力。

3）向驾驶室方向移动斗杆并保持铲斗与地面平行。

4）如果斗杆由于负载而停止移动，则可提升动臂和／或卷动铲斗来调整铲切深度。

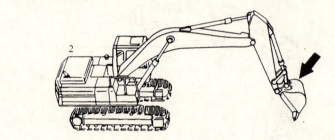

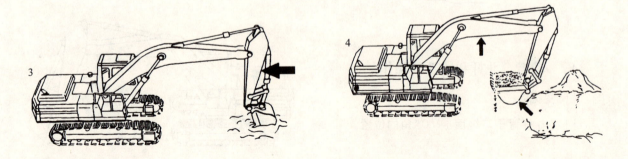

二、操 作

5）为在铲刀刃施加最大的力，向驾驶室移动斗杆时应减小向下的压力。

6）使铲斗保持能使物料不断流入铲斗的姿势。

7）铲斗以水平方向连续行进以使物料剥离进入铲斗之中。

8）完成行程后闭合铲斗并升起动臂。

9）铲斗离开挖掘地时，扳动回转操纵机构。

10）倾倒物料时将斗杆外伸并平稳地张开铲斗。

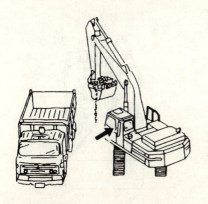
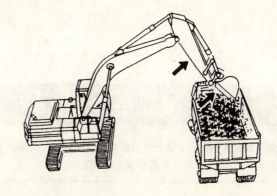

25

挖掘机操作

(2) 提升物体

1) 注意事项

- 如果吊索放置不当会导致铲斗油缸、铲斗或连杆机构的损坏。
- 缩短吊索或防止负载过度摆动。
- 关于使用挖掘机来提升重物，可能会有一些当地政府的法规。请遵守这些法规。

2) 使用连杆机构上的起重吊耳来提升物体。起重能力由此点开始计算。要相应地调整这个能力。

- 如果使用起重吊耳，必须借助吊索或挂钩进行连接。

警　告

为避免人身伤害，不得超过机器额定的装载量。如果机器不在平地上，则机器的承载量会发生变化。

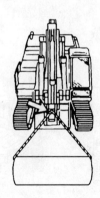

二、操作

3）如果负载超过机器的额定负载或重负载回转到一端或一侧时，可能产生不稳定的情况。

4）对着机器的一角是最稳定的提升位置。

5）为获得良好的稳定性，携带的负载应靠近机器和地面。

6）起重能力随着离回转中心距离的增加而减小。

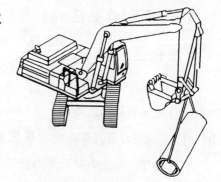

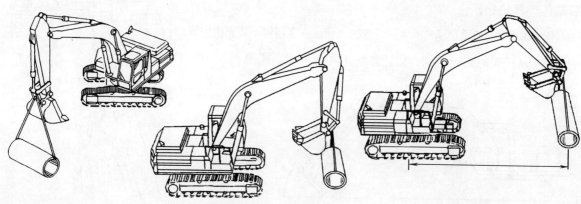

挖掘机操作

（三）反铲作业法

1．挖掘方法

（1）主要靠斗杆挖掘。

（2）挖掘较软的土地时，铲斗的斗齿与地面呈70°角切入，铲斗的斗齿尖尽量对着挖掘方向，使用全程浅挖。

（3）履带的行走方向与沟的方向一致，行走马达位于后方，一面后退，一面挖掘。

（4）深挖时，机器稍稍向前倾进行挖掘，但应注意履带不得露出坡顶。

（5）从机架的侧面挖掘，应注意防止斗齿会碰到履带。

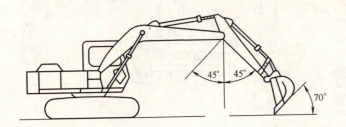

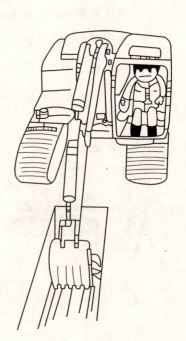

二、操 作

2．挖掘分类

（1）铲斗挖掘：基本方式是动臂斗杆液压缸置于一定的长度不动，只操作铲斗油缸挖掘手柄，使铲斗转动切削土。

（2）斗杆挖掘：动臂，铲斗油缸置于一定的长度不动，然后操作斗杆油缸控制手柄，使斗杆连同铲斗一同转动切削土。采用斗杆挖掘时，为了使挖掘阻力更小，斗齿更利于插进土层中，使铲斗转至斗底线与斗齿尖推动轨迹圆成切线的位置，才不会产生铲斗切削角度过大或斗底挤压土的现象。

（3）复合挖掘：铲斗液压缸与斗杆缸的配合动作进行挖掘。有采取两组液压缸顺序动作的挖掘方式，也有同时动作的挖掘方式。

反铲工作面有正挖掘工作面和侧挖掘工作面两种，还可以挖垂直基坑和修整边坡。

（四）发动机的启动

1．发动机启动之前准备工作

（1）发动机启动之前，进行环绕机器检查。

正确

 挖掘机操作

(2) 在确认机器周围没有人后，方可启动。

2．启动发动机

(1) 熟悉机器的启动程序

1) 坐在驾驶员的座位上，调整座椅，使你能够正常操作所有控制手柄。

2) 熟悉警告装置、仪表和操作控制手柄。

3) 示意工作区内的所有人员离开。

4) 遵循操作手册启动发动机。

(2) 如果必要，在空气畅通的安全区域内启动发动机。

错误

警　告
废气可以致命。

二、操　作

3．启动发动机后

（1）观察仪表和警示灯，确认机器运转正常，显示和数据在正常范围内。

（2）进行操作检查

1）如果机器工作情况不正常，不要使用机器。

2）驾驶员有责任在安全区域检查机器所有系统的工作情况。

（3）注意看或听机器是否有运行不正常的情况。如果发现运转不正常或不稳定，立刻停止。

在进行下一步操作之前，立刻修理或报告问题。

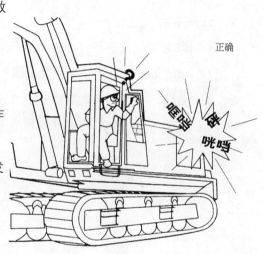

正确

（4）测试操纵手柄

1）确信发动机正常运转。检查发动机油门控制开关。操纵控制手柄，确信所有功能正常。

2）根据操作手册，检查制动器。

3）测试行驶是否正常。

挖掘机操作

(五) 安全地工作

注意事项

(1) 切忌别让没有受过训练的人员操作机器。如果操作不当,将会造成严重的伤亡事故。

(2) 切忌将铲斗作为工作平台,或用来乘人。

(3) 倒车、升起或回转时,一定要先环顾四周。确认所有人员都在安全区。

(4) 熟知机器上的铰接处和回转范围,您的警觉意识会避免事故的发生。

错误

警 告

液压挖掘机是单人操作机器,切忌让别人搭乘。

（六）行走装置的操作说明

1．行走操作装置

有关挖掘式建设机械的行走操作装置，多使用操作杆和脚踏板两种方式，它们都与各控制阀相连。当操作这些操作杆或踏板时，就能使机械前后行走、左右转向以及自身旋转。停车时，各操作装置都应返回中立位置。

机械标准的行走状态应是，行走马达在机体的后面、导向轮在机体的前面。

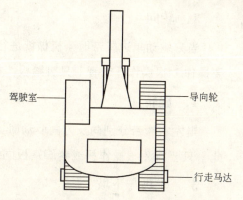

2．前后行走

当同时将左右2根操作杆（脚踏板）向前倾倒时，机械向前行走。与之相反，当同时将2根操作杆向后倾倒时，机械便向后退。另外，前后行走的速度都可能由操作杆的行程或者脚踏板的行程来控制。

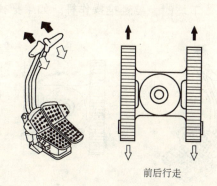

前后行走

挖掘机操作

3．转向

当只驱动单边履带时，机械就进行转向行走。因此，只要操作1根操作杆或者1只脚踏板，机械就可转向了。

4．旋转

当左右履带分别向反方向驱动时，机械就自身旋转。因此，只要将2根操作杆或者脚踏板同时向不同方向操作，机械就可以自转了。

5．上坡与下坡

下坡时，要轻推操作杆。如果把操作杆返回中立位置，机械便自动刹车而停止前进。

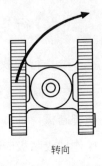

转向

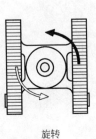

旋转

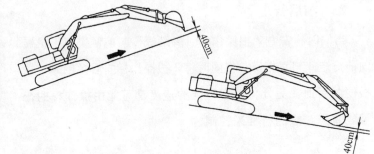

（七）水中工作

注意

(1)水中作业时，不要让水超过上支重轮的中心；如果回转轴承湿了，立刻打黄油，直到把旧的黄油全部清除。

(2)如果水进入回转齿轮箱，立刻拆下下部盖子放水，并加入新黄油。

(3)水中工作以后，清除铲斗销的旧黄油，并加入新黄油。

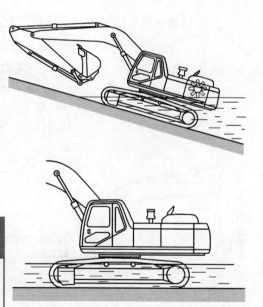

警　告

当在水中作业时，不要使倾斜度超过15°，如果超过15°，后面的上部结构会被浸入水中，使散热器风扇损坏。

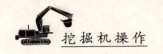
挖掘机操作

(八)挖掘机的停放

挖掘机停在坚固的水平地面上,铲斗放在地面上。

发动机转速控制旋钮置于"低速"怠速运转5分钟。

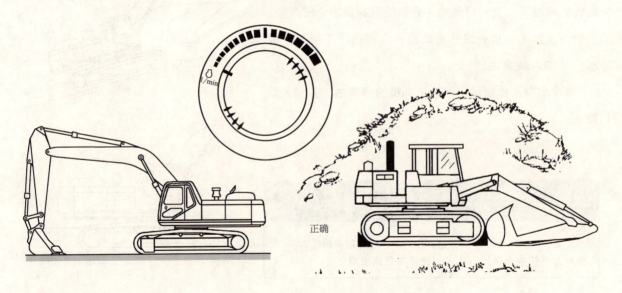

正确

二、操作

> **警　告**
>
> 　　挖掘机应停在坚固的水平面上，避免停在斜面上，如果挖掘机必须停在斜面上，用石块固定装置并把铲齿插入地面。

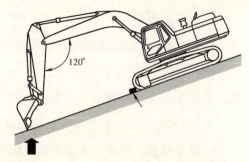

（九）运输须知

　　不要使铲斗液压缸的镀铬表面接触挂车的任何部位，否则会在运输过程中由于与挂车相碰而导致液压缸杆的损坏。

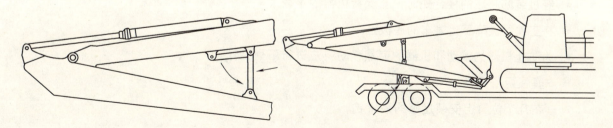

挖掘机操作

1. 装运机器

(1) 检查行驶路线上的立交桥高度，确保机器有足够的通过空间。

(2) 在将机器装载到运输机器上之前，要清除装载货台及运输车厢板上的冰、雪或其他滑溜物质。清除冰、雪或其他滑溜物质可防止机器在运输过程中滑动。

(3) 装卸机器时要选择最平坦的地面来进行，并应注意：

- 装载机器之前要垫塞住拖车车轮或有轨车车轮。
- 当使用装卸斜坡时，要确保装卸斜坡有足够的长度、宽度、强度和坡度。
- 保持装卸斜坡与地面间的坡度在15°以内。
- 将机器停放在可直接开上装卸斜坡的位置上。最终传动装置应在机器的后部。机器在装卸斜坡上时不得操作操纵杆。
- 经过装卸斜坡的接合处时，要保持机器的平衡。
- 将工作器械降至运输车的底板上。
- 为防止机器的滚动和机器的突然移动，应进行下列工作：

——塞住两条履带。

——在几个位置上安装足够的系紧钩。

二、操作

——系好钢丝绳缆索,将机器固定。

2．机器的固定

注意:

决不要运输发动机正在运转的机器。发动机运转时,如果微量回转控制系统处于ON(开启)位置,回转停放制动器将保持分离状态。

(1)将液压接通操纵杆移到LOCKED(锁定)位置。

(2)将发动机启动开关转到OFF(关闭)位置,以停止发动机。取下发动机启动开关钥匙。

(3)将蓄电池断路开关转到OFF(断开)位置,并取下断路开关钥匙。

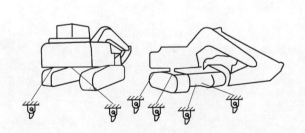

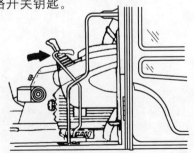

挖掘机操作

(4) 锁上门和检视盖。

(5) 塞住履带并用系紧钩固定好机器,要确保使用合适的缆索。利用下部车架上的前牵引环、后牵引环和上部车架上的后牵引环,将所有松动的零件紧固,并将卸下的零件固定到挂车或有轨车上。当发动机停止时,回转停放制动器会自动启用,这可防止上部结构发生回转。

(6) 注意在冰冻天气,要按照行驶路线上预期的室外最低温度用防冻剂来保护冷却系统,或者,排空冷却系统的冷却液。

三、维护保养

（一）挖掘机的维护保养

1．概述

液压挖掘机是土石方挖掘机械中技术比较复杂的机种，对于一个挖掘机司机而言，应当了解液压传动的基本知识，学习和掌握挖掘机性能与传动机构，具备熟练的挖掘机操纵技术。此外，必须认真学习挖掘机的安全使用规程，认真执行挖掘机的维修保养规程，全面地掌握挖掘机各个部分实际运转情况，参与或配合维修工作，方能发挥挖掘机的最大生产能力，防止事故的发生，延长挖掘机的使用寿命。

2．液压挖掘机的维护保养与修理

(1) 日常维护保养，它包括清扫、检查、调整及润滑工作。

(2) 挖掘机的修理，包括小修及大中修。

3．维护保养的主要内容

清洁、检查、调整、润滑、防腐和更换少量的易损件。

(1)清洁:随时擦洗机械上的油污、尘土,使外观整洁同时还包括定期清洁各种过滤器与各种工作介质等工作。

(2)检查:在工作前、中、后进行常规性的看、听、摸和试操作判断机器各部位工作是否正常。

(3)紧固:挖掘机在工作中因振动而使连接螺栓,销子等会松动、扭曲、分离、失控造成机械事故。

(4)调整:当各工作机构的配合间隙发生变化的情况下,及时改正或调整,使其保证灵活可靠。

(5)润滑:根据各润滑点的要求,按时加注更换不同的液压油,使机构的运动磨损最小。

(6)防腐:即做到防水、防酸、防潮等防止机械各部分遭到腐蚀。

(7)更换磨损件:当发现易损件失效,应马上更换。

4. 保养分类

(1)日常保养(例保):在工作前、中、后进行,以检查清洁、紧固为重点。

(2)定期保养:可分为一、二、三级保养,以调整、润滑、防腐为重点。

(3)特定保养(非经常性的保养)。

（二）三大机构的维护保养

1．维护

（1）定期检查与维护

定期检查可使机器达到最佳状态，并延长机器寿命。基本上，定期保养和维护的时间间隔是由计量器规定。如果进行维护保养则按照厂家规定较好，计时器的时间与日历上的时间是成正比的（例如每日、每周、每月）。确切的服务项目时间在"日常检查"的部分详细解释。当机器使用的地区是恶劣的或灰尘地和潮湿的地方时则更换维护的间隔时间要比"保养及维护间隔表"提前。

（2）维护的注意事项

- 使用原装的原厂零件；
- 保持润滑剂清洁：

润滑品应存放在室内清洁的地方，以免灰尘或水分渗入润滑剂。必须使用没有被水渗入的清洁润滑剂。

- 保持机器的清洁：

清洁的机器能使我们更容易发现问题，例如泄漏、裂缝及松动等。特别是黄油嘴、泄放口、油

挖掘机操作

位表等应及时清洁,以免被灰尘覆盖。

- 要经常注意冷却水及机油的温度:

机器刚关闭时,系统温度非常高,所以不要立即更换机油、水及滤芯,温度下降之后才能更换。如果机油非常冷的时候,应先加热至20~40℃以后再更换。

- 检查被更换后不要的机油和滤芯:

更换机油和滤芯之后,要检查不要的机油及滤芯是否有金属屑或杂质。

注:要讲例如"—使用原装的原厂零件"与下列各图——对应排列!

- 警告牌:

当检查或实施机器维护时,必须在接近启动开关或控制杆的位置放置"正在检修请勿触动"警告牌。

- 避免灰尘或杂质渗入油料:

44

三、维护保养

拆卸液压油管或液压组件时,要将接头或出口用塞子塞住以避免异物混入。

- 保持原安装面的清洁:

取下 O 形环或垫片以后,清洁原安装面。在新的 O 形环或垫片上涂上一层油后装在原安装面上。

- 注意内部压力:

在拆卸油压系统、空气系统或是柴油系统之前,要先释放内部压力,因为冷却系统的管路或是连接在其相关部分的内部都有压力存在。

- 电焊之前的注意事项:

——为防止爆炸拆下电瓶;

——关掉启动开关;

——从电瓶上拆下负极线;

——不要持续使用 220V 以上的电力;

——接地线与被焊接的部位的距离要在 1m 之内;

——确定焊接部和地线之间没有油封及轴承;

挖掘机操作

——清理易燃物品，预备灭火器材。

- 正确地清除废油：

——收集的废油应放在油桶等容器内，然后根据国家的环保法规处理。

- 柴油管理不好的带来的问题：

——未按时换油，使用劣质柴油、劣质滤芯。

高压泵　　柱塞与套的磨损　　　生锈　　滤芯堵塞　　出油阀磨损　　传输泵磨损　　喷油嘴针阀磨损
喷射压力下降

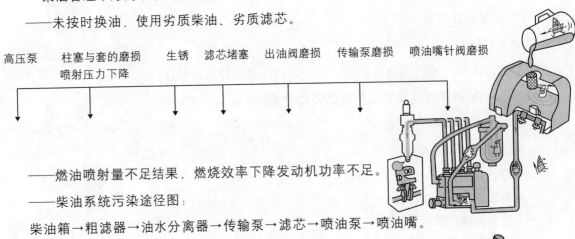

——燃油喷射量不足结果，燃烧效率下降发动机功率不足。

——柴油系统污染途径图：

柴油箱→粗滤器→油水分离器→传输泵→滤芯→喷油泵→喷油嘴。

三、维护保养

（3）发动机的润滑系统

1）机油的主要作用：

A.润滑、冷却、密封、清洗带走磨屑。

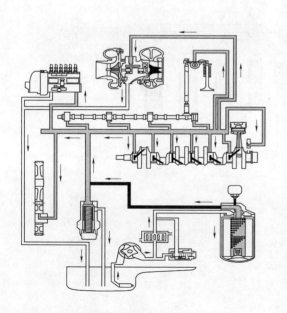

B.为什么要进行维护保养？

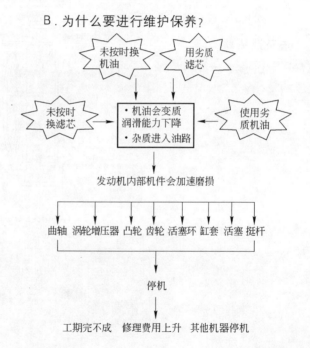

47

挖掘机操作

2）冷却水循环：

约70℃或更低：至水泵。

约95℃或更高：所有液体流至散热器。

从75℃至95℃：节温器打开。

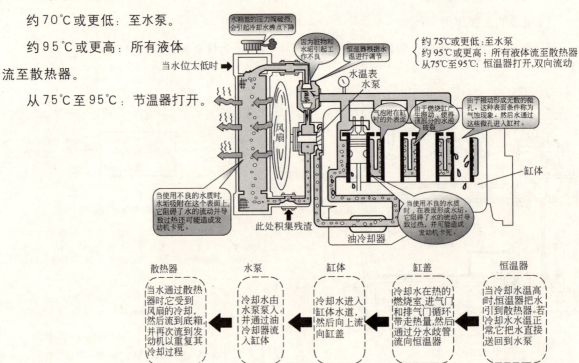

3）散热器

A．作用：当水通过散热器时，它受到风扇的冷却，然后流到底箱，并再次流到发动机以重复其冷却过程。

B．组成：

- 水泵：

冷却水由水泵泵入，并通过油冷却器流入缸体。

- 缸体：

冷却水进入缸体水道，然后向上流向缸盖。

- 缸盖：

冷却水在热的燃烧室、进气门和排气门循环带走热量，然后通过分支岐管流向节温器。

- 节温器：

当冷却水温高时，节温器把水引到散热器。若冷却水水温正常，它把水直接送回到水泵。

挖掘机操作

2．底盘

（1）在多岩石处工作时，应检查底盘的损坏程度，并检查螺栓和螺母的松紧度、裂纹、磨损和破裂等。

保持适当的履带张力。在泥、雪地上操作时，泥雪会粘在履带的部件上导致履带过紧。参照制造商维护手册，调整正确的履带张力。

（2）当在这一地面上工作时，应将履带张紧装置稍微放松。

（3）洗车时的注意事项：

1）千万不可直接对插头和机电元件喷水。

2）不要把水洒在驾驶室内的监控器和控制器上。

3）不可直接对散热器或油冷却器喷射高压蒸汽或水。

4）工作前后的检查：

——在泥泞地、雨天、雪地或在海滩上开始工作之前，应检查螺塞和阀的松紧度。在工作之后应立即清洗机器，以保持机器不致生锈。

——此时，对各零件的润滑应比平时更频繁。如果工作装置的销轴浸于泥水中，每天都要对

三、维护保养

销轴进行润滑。

——销轴销套干磨,温度会很高。戴上手套防止被烫伤。检查履带中是否有松了或断了的履带板、磨损或损坏的销轴销套。检查支重轮和托带轮。

——不要敲打履带的张紧弹簧,这些弹簧可能承受巨大的压力,突然断裂导致人员的伤害。遵循制造商关于履带维修的指导进行。

5) 检查终传动箱的油位,加油。

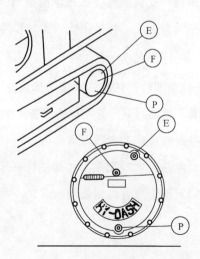

挖掘机操作

3．工作装置

注意：

切勿采用三氯化合物清洗油箱内部。

润滑：

1）将工作装置置于下图润滑位置，然后将工作装置置于地面并停止发动机。

2）采用一支黄油枪，按图示箭头号方向的黄油嘴泵入黄油。

3）在润滑之后，将挤出的旧黄油擦净。

4．回转平台

(1) 检查回转机构箱的油位，加油。

1）取下量油尺 G，并用棉纱擦去尺的油。

2）将量油尺 G 完全插入导套内。

3）当量油尺 G 拉出后，如果油位在尺的 H 和 L 标记之间，油位是合适的。

4）如果油位没有达到量油尺 G 的 L 标记线，通过量油尺插入孔 F 加注齿轮油。

警 告

废气可以致命。在机器作业刚刚结束之后，油温非常高。在进行该项检查之前，应等油冷却。

三、维护保养

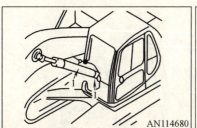

AN114680

AN114690

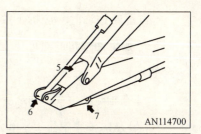

AN114700

AN114710

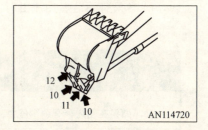

AN114720

1—动臂液压缸缸头销轴(2处)
2—动臂脚销(2处)
3—动臂液压缸杆端(2处)
4—斗杆液压缸缸头销轴(1处)
5—动臂——斗杆连接销(1处)
6—斗杆液压缸杆端(1处)
7—铲斗液压缸缸头销轴(1处)
8—斗杆——连杆连接销(1处)
9—斗杆——铲斗连接销(1处)
10—连杆连接销(2处)
11—铲斗液压缸杆端(1处)
12—铲斗——连杆连接销(1处)

53

当重新注油时，应拆下放气塞①。

5）如果油位超过油尺 G 上的 H 标记线，松开排放阀 P，排掉多余的油。

6）在检查油位或加油之后，将量油尺插入孔内并装好放气塞①。

（2）从燃油箱中排出水和沉积物。

1）在运行机器之前进行这一工作。

2）准备一容器接排出的燃油。

3）打开油箱底部的排放阀，并排出聚积在油箱底部的杂物和水。当完成这一工作时，应小心不要让油沾到身上。

4）当只有清洁燃油流出时，才能关闭排放阀。

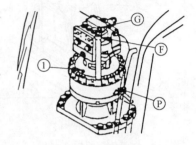

警　告

如果在箱内存有剩余压力，油或螺塞可能会飞出。准备一个手柄，缓慢松动螺塞，以释放内部压力。

履带式挖掘机日常维护检查项目

履带式挖掘机日常维护作业项目和技术要求部位	序号	维护部件	作业项目	技术要求
发动机	1	曲轴箱油面	检查、添加	停机面处于水平状态，油面应达到标尺上的刻线标记，不足时添加
	2	水箱冷却水量	检查、添加	不足时添加
	3	喷油泵调速器机油量	检查、添加	不足时添加
	4	风扇皮带	检查、调整	下垂10~20mm
	5	管路及密封件	检查	消除油、水管接头的漏油、漏水现象；消除进排气管、气缸盖等垫片处的漏气现象
	6	仪表、开关	检查	仪表正确，开关良好有效
	7	喷油泵传动连接盘	检查	连接螺钉是否松动，否则应重新调校喷油提前角并拧紧连接螺钉
	8	紧固件	检查、紧固	螺栓、螺母、垫圈等紧固件无松动，缺损
	9	工作状态	检查	声音无异响，气味无异常，颜色浅灰
主体	10	液压油箱、密封、磁性滤清器及主滤清器	检查	(1) 液压油容量符合规定，无泄漏，油质符合要求 (2) 新车100h以内，每日检查磁性滤清器及主滤清器，应清洁有效
	11	操作机构	检查	各操作手柄无卡滞，作用可靠

挖掘机操作

续表

履带式挖掘机日常维护作业项目和技术要求部位	序号	维护部件	作业项目	技 术 要 求
主体	12	工作油散热器传动带	检查、调整	下垂10~20mm
	13	液压油泵及传动轴	检查	作用可靠,无振动,无异常,无漏油现象
	14	回转滚盘及齿圈连接螺栓	检查、紧固	无松动、缺损
	15	履带	检查、调整、清洁	(1)在平整路面上,履带下垂量为40~55mm (2)清除履带装置上的泥土,用废机油润滑履带链节销
	16	驱动轮、导向轮、支重轮、托带轮	检查	无漏油现象,缺油时添加
	17	液压元件	检查	动作准确,作用良好,无卡滞,无泄漏
	18	管路接头、压板	检查、紧固	管路畅通,无泄漏,压板无缺损松动
	19	紧固件	检查	无松动、缺损
工作装置	20	液压油缸	检查	无泄漏,无损伤
	21	各铰接头号销轴销套	检查	磨损严重时,应予更换
	22	铲斗	检查、紧固	斗齿如有松动,应紧固;磨损超限时,应焊修
电器设备	23	蓄电池	检查	电解液应高出极板顶面10~15mm
	24	起动机、发电机	检查	作用可靠,性能良好

续表

履带式挖掘机日常维护作业项目和技术要求部位	序号	维护部件	作业项目	技术要求
电器设备	25	仪表、照明部分	检查	指示准确，作用有效
其他	26	整机	检查清洁	（1）清除整机外部粘附的泥土、杂物 （2）各连接件应无松动、缺损 （3）各操纵机构应操纵灵活、定位可靠
	27	工作状态	试运转	作业前进行空运转试车，待工作油温上升到50℃，正常进行作业

履带式挖掘机一级（月度）维护作业项目和技术要求

部位	序号	维护部件	作业项目	技术要求
发动机	1	风扇传动带	检查	一组风扇传动带松弛度差超过15mm应换新
	2	机油滤清器	检查、清洗	拆洗滤芯，如破损应换新
	3	曲轴箱机油	快速分析	通过快速分析，不合格时更换
	4	机油泵吸油粗滤清器	检查、清洗	无污染、堵塞、破损，每100h清洗一次
	5	燃油滤油器	检查、清洗	清洗滤芯，滤芯及密封圈如有损坏，应换新
	6	空气滤清器	检查、清洗	每工作100h，清除集尘盆中的尘土，250h清洗滤芯，如破损应换新
	7	散热器、机油冷却器	检查、清洁	无堵塞、变形、破损、水垢等；如有漏水、漏油等应修补

续表

部 位	序号	维护部件	作业项目	技术要求
发动机	8	油箱	检查、清洗	无油泥、无渗漏,每500h清洗一次
主体	9	液压油滤清器	检查、清洗	清洗滤清器,更换纸质滤芯
	10	液压油泵	检查、紧固	每500h(新车100h)检查并紧固油泵的进、出油阀
	11	液压油冷却器传动带	检查	传动带松弛度超过15mm换新
工作装置	12	回转平台、司机室及机棚	检查	各连接及焊接部位无裂纹、变形或其他缺损
	13	行走机构	检查	磨损正常,无漏油,行走制动器功能良好
	14	行走减速箱	检查	检查油面及油质,不足时添加
	15	液压油冷却器	清洗	每500h清洗一次
	16	液压系统及液压元件	检查、调整	检测液压缸是否有内泄,液压缸铰接点轴及轴套磨损正常,无破损
	17	液压缸及铰接点轴套	检测	检测液压缸是否有内泄,液压缸铰接点轴及轴套磨损正常,无破损
	18	动臂、小臂及轴套	检测	磨损正常,无裂纹、变形及其他缺陷
	19	铲斗	检测	磨损正常,如磨损超限,应更换或焊修斗齿
电器及仪表	20	蓄电池	检查、清洁	电解液液面高出极板10~15mm,其相对密度为1.28~1.30(环境温度为20°C时不低于1.27),各格相对密度差不大于0.025,极桩清洁,气孔畅通

三、 维护保养

续表

部 位	序号	维护部件	作业项目	技 术 要 求
发动机	21	电气线路	检查	无接头松动、绝缘破裂情况
整 体	22	仪表、音响、照明	检查	符合使用要求
	23	螺栓、管接头号	紧固	按规定力矩紧固
	24	工作状态	试运转	带载进行挖掘作业，回转，行驶动作应正常，无不良情况

挖掘机操作

四、工作原理

(一) 概述

将自然界能源转化为人们所需要的机械能的装置，称为动力机械，俗称发动机。燃料在汽缸内部燃烧，通过活塞的往复运动，使热能转化为机械能的发动机称为内燃机。其中柴油机具有热效率高、故障少、使用成本低、功率范围宽等优点。

(二) 柴油机

1. 柴油机分类

分 类 方 式	型 式
按工作循环活塞的冲程数	四冲程、二冲程
按汽缸的排列形式	直立式、卧式、V形等
按冷却方式	水冷式、风冷式
按用途	车用、工程建设机械用、船用、发电机用等
按燃烧室类型	直喷式、预燃室式、涡流室式等
按汽缸数	单缸和多缸，多缸有2、4、6、8、12缸等

四、工作原理

液压挖掘机上广泛采用单列、直立、水冷、多缸、四冲程(增压)柴油机。

2．柴油机的组成及作用

(1) 组成

柴油机由曲柄连杆机构、配气机构、供给系、润滑系、冷却系、启动系等组成。柴油机总体结构如图4-1所示，柴油机系统如图4-2所示。

(2) 作用

1) 曲柄连杆机构的作用　曲柄连杆机构是柴油机完成热功能转换、产生并输出动力的机构。曲柄连杆机构中的活塞在汽缸内气体压力作用下运动，并通过连杆推动曲轴旋转，由曲轴旋转带动活塞在汽缸内作往复运动。曲柄连杆机构还为配气机构、润滑系、冷却系及附属装置提供动力。

对曲柄连杆机构的要求是，具有足够强度和刚度，良好的耐磨、耐热、耐腐蚀性及零件运动的平稳性等。

2) 配气机构的作用　按照柴油机工作循环与着火顺序，配气机构定时地使空气进入汽缸；使燃烧后的废气排出汽缸；在压缩和做功冲程中使汽缸密闭。

对配气机构的要求是进、排气阻力小，进、排气门的开闭时刻、持续时间适当，使进、排气充分。

61

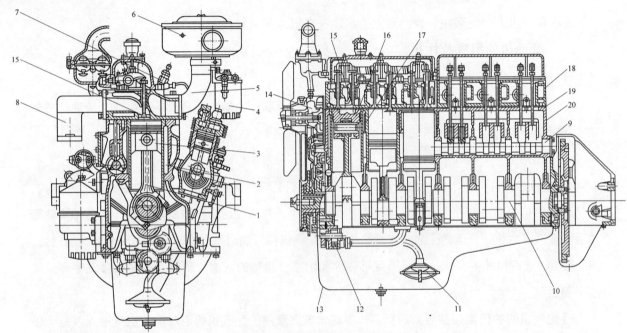

图 4-1 柴油机总体结构

1—连杆；2—水套；3、16—活塞；4—燃油滤清器；5—进气管；6—空气滤清器；7—喷油器；8—排气管；9—凸轮轴；10—曲轴；11—集滤器；12—机油泵；13—油底壳；14—水泵；15—气门；17—汽缸套；18—汽缸盖；19—汽缸垫；20—汽缸体

3)供给系的作用 供给系包括进排气装置和燃油供给装置,它向汽缸提供燃油和空气,并引导汽缸内燃烧后的废气排入大气。

4)润滑系的作用:

A. 向运动零件的磨擦表面提供润滑油,减少零件的磨擦和磨损,保证柴油机正常工作,减少功率消耗。

B. 冷却高温零件或维持其正常工作温度。

C. 冲洗、带走磨擦表面的磨屑,避免其加速零件磨损。

D. 减轻零件的氧化和锈蚀,提高密封效果。同时,润滑油膜在相互冲击的零件间起到减振作用。

润滑系的润滑方式有飞溅法、定期注油法、压力法和综合法等。

5)冷却系的作用:

A. 保持零件的正常配合间隙,维持其正常的工作温度。

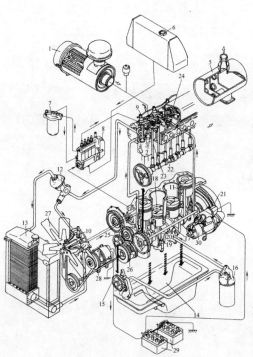

图4-2 柴油机系统图

B．保持零件的正常配合间隙，避免磨擦和磨损加剧。

C．保持机油黏度，避免润滑油的性能变差。

D．减少发动机高温零件对进气温度的影响。避免柴油机充气效果、动力性和经济性变坏等。

柴油机的冷却方式有水冷和风冷两种，液压挖掘机用柴油机多采用水冷却方式。

6) 启动系的作用　启动系的作用是使柴油机由静止状态迅速地进入运转状态。启动系主要由蓄电池、电动机、启动开关及继电器组成。

7) 充电系的作用　及时补充蓄电池因使用而消耗的电力，充电系包括发电机、电压调节器、电流表等。

3．四冲程柴油机工作原理

(1) 常用术语

以单缸柴油机(见图4-3)为例叙述。

1) 上止点　活塞在汽缸中运动到离曲轴回转轴线最远点时，汽缸壁上与活塞顶平面所对应的位置，称为活塞运动的上止点。

2) 下止点　活塞在汽缸中运动到离曲轴回转轴线最近点时，汽缸壁上与活塞顶平面所对应的

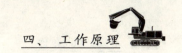

四、工作原理

位置,称为活塞运动的下止点。

3)活塞行程 活塞在上、下止点间的运动距离,称为活塞行程 S。活塞行程是轴的连杆轴颈旋转半径 R 的两倍,即 $S=2R$。

4)活塞冲程 活塞在上、下止点间运动的动作或过程,称为活塞冲程。

5)燃烧 活塞位于上止点位置时,活塞顶面与气缸盖之间形成的空间,称为燃烧室。

6)工作容积 活塞在上、下止点之间运动时所扫过的空间,称为汽缸工作容积。

7)压缩比 汽缸总容积(汽缸工作容积与燃烧室容积之和)与燃烧室容积之比值,称为压缩比。

(2)四冲程柴油机工作循环

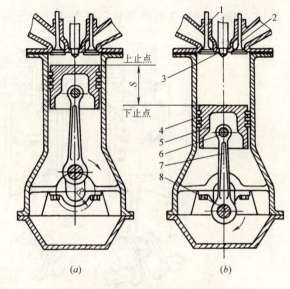

图4-3 单缸柴油机结构简图
(a)活塞位于上止点;(b)活塞位于下止点
1—排气门;2—进气门;3—喷油器;4—汽缸体;
5—活塞;6—活塞销;7—连杆;8—曲轴

四冲程柴油机工作循环包括进气冲程、压缩冲程、膨胀冲程和排气冲程,如图4-4所示。

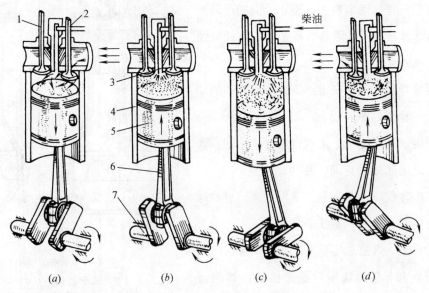

图4-4 单缸四冲程柴油机工作循环(非增压)
(a)进气冲程;(b)压缩冲程;(c)膨胀冲程;(d)排气冲程
1—排气门;2—进气门;3—喷油器;4—汽缸;5—活塞;6—连杆;7—曲轴

1) 进气冲程 活塞在曲轴、连杆带动下从上止点向下止点移动,此时进气门开启,排气门关闭。随着活塞下移,外界空气经过空气滤清器、进气管、进气门被吸进汽缸。待活塞到达下止点位置时,进气门关闭,进气冲程结束。进气冲程如图4-4(a)所示。

2) 压缩冲程 活塞在曲轴、连杆带动下从下止点向上止点移动,汽缸内容积逐渐减少,由于进、排气门均关闭,密封在汽缸内的空气被压缩,待活塞到达上止点时,压缩冲程结束。压缩冲程如图4-4(b)所示。

3) 膨胀冲程 压缩冲程接近终了时,喷油器将高压柴油喷入燃烧室,细小油雾蒸发后与空气混合并迅速燃烧而产生高温,汽缸内气体迅速膨胀推动活塞从上止点向下止点迅速移动,进而推动曲轴旋转做功,活塞达到下止点时膨胀冲程结束。膨胀冲程如图4-4(c)所示。

4) 排气冲程 排气冲程开始时排气门打开,活塞在曲轴、连杆带动下由下止点向上止点运动,燃烧后的废气被活塞排出气缸,待活塞到达上止点时,排气门关闭,排气冲程结束。排气冲程如图4-4(d)所示。

4. 液压装置

(1) 液压装置的概要

液压装置主要是利用帕斯卡原理。在两个油缸组合的容器中,向面积小的活塞施加1kg的力,传递到面积大的活塞上的力变为1000kg。即，施加在小面积活塞上的力在面积大的活塞上而成比例扩大。如图4-5所示。

液压装置的动力传递和控制很简便，而且体形小重量轻，随着液压技术的发展，正被广泛采用。

(2) 液压装置的组成（如图4-6）

1) 油压发生装置　把机械能转换成液压能的液压泵。

2) 液压控制装置　可调节控制油的压力、流量、流向等的压力控制阀、流量控制阀、方向控制阀等。

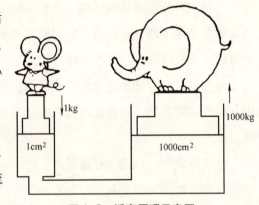

图4-5　活塞原理示意图

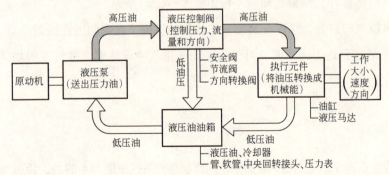

图4-6　液压装置组成

四、工作原理

3)液压驱动装置(执行元件)　把油的压力能转换成机械能的油缸、液压马达等。

4)附属装置　液压油箱、过滤器、配管、中央回转接头等。

(三)履带式行走装置

组成与工作原理

履带式行走装置由"四轮一带"(即驱动轮2、导向轮7、支重轮3、托轮6,以及履带1)、张紧装置4和缓冲弹簧5、行走机构11,行走架(包括底架10、横梁9和履带架8)等组成,如图4-7所示。

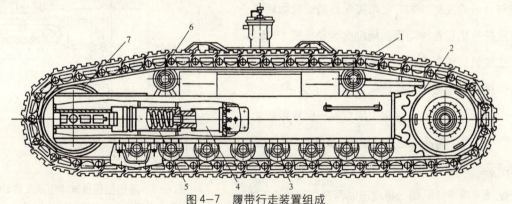

图4-7　履带行走装置组成

1—履带;2—驱动轮;3—支重轮;4—张紧装置;5—缓冲弹簧;6—托轮;7—导向轮

挖掘机运行时驱动轮在履带的紧边——驱动段及接地段(支撑段)产生一拉力,企图把履带从支重轮下拉出,由于支重轮下的履带与地面间有足够的附着力,阻止履带的拉出,迫使驱动轮卷动履带,导向轮再把履带铺设到地面上,从而使挖掘机借支重轮沿着履带轨道向前运行。

液压传动的履带行走装置,挖掘机转向时由安装在两条履带上、分别用两台液压泵供油的行走马达(用一台油泵供油时需采用专用的控制阀来操纵)通过对油路的控制,很方便地实现转向或就地转弯,以适应挖掘机在各种地面、场地上运动。图4-7为液压挖掘机的转变情况,图4-7为两个行走马达旋转方向相反、挖掘机就地转向,图4-7为液压泵仅向一个行走马达供油,挖掘机则绕着一侧履带转向。

图4-8所示为液压挖掘机基本组成及传动示意图。如图所示,柴油机驱动两个油泵,把高压油输送到两个分配阀,操纵分配阀,将高压油再送往有关液压执行元件(油缸或油马达)驱动相应的机构进行工作。

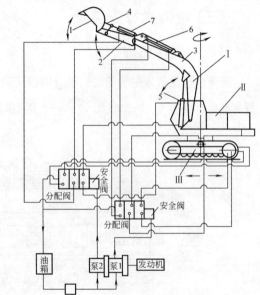

图4-8 液压挖掘机基本组成及传动示意图
1—铲斗;2—斗杆;3—动臂;4—连杆;5、6、7—油缸
Ⅰ—挖掘装置;Ⅱ—回转装置;Ⅲ—行走装置

四、工作原理

附录：常见故障表

序 号	故 障 现 象	可能原因和解决方法
1	发动机不能起动	1．电瓶电压低； 2．导线或起动开关； 3．起动马达电磁开关或起动马达损坏； 4．发动机曲轴转动的内在问题； 5．燃油系统：有气、滤芯堵
2	发动机运转不稳，负荷大时憋车	1．燃油系统有气； 2．滤芯堵； 3．燃油输油泵压力低； 4．喷油正时不对
3	发动机功率不足，冒黑烟	1．空气滤芯堵； 2．涡轮增压器积碳或损坏； 3．电控系统故障(在监控器信息区有显示)； 4．喷嘴； 5．喷油正时
4	发动机下排气量大伴有机油	活塞环磨损
5	发动机烧机油，机油消耗量大	1．活塞环磨损； 2．涡轮增压器浮动油封损坏； 3．气门导管磨损； 4．机油过多

续表

序 号	故 障 现 象	可能原因和解决方法
6	水箱中有机油	1. 机油冷却器芯; 2. 水泵排水孔堵塞,伴随水泵水封坏; 3. 缸垫
7	机油油底内有冷却液	1. 机油冷却器芯; 2. 缸垫; 3. 缸盖或缸体裂纹
8	机油压力低	1. 机油滤芯堵; 2. 机油中有柴油; 3. 机油泵吸入管泄漏; 4. 机油安全阀; 5. 机油泵; 6. 曲轴或凸轮轴与轴瓦之间间隙过大
9	水温过高	1. 液量少; 2. 节温器坏; 3. 风扇转速低; 4. 水泵坏; 5. 发动机超负荷; 6. 水箱内或外堵塞

四、工作原理

续表

序 号	故 障 现 象	可能原因和解决方法
10	发电机不充电或充电率低	1．充电或接地回路或电瓶接头损坏； 2．发电机电刷或调压器或整流二极管损坏； 3．转子(励磁线圈)坏
11	液压油管颤抖，液压泵声音异常	1．液压泵内有空气； 2．泵内斜盘或柱塞滑靴磨损
12	行走跑偏	1．履带张紧度调整； 2．对应的行走马达或泵的流量泄； 3．回路控制
13	爬坡力或挖掘力不足	对应液压回路的压力调节
14	机具或行走速度慢	1．对应先导油路或主油路部件故障； 2．先导泵或液压泵故障
15	相应的电气机能没有	对应的保险丝
16	监控仪表盘信息区的显示	

73

主要参考文献

[1] 卡特彼勒.操作和保养手册(320C).

[2] 威斯特[强机手]培训.

[3] 日立建机.液压挖掘机操作人员便捷手册.

[4] 小松.PC200/220-6超强型挖掘机教材——操作与保养.

[5] 劳动和社会保障部教材办公室组织编写.液压挖掘机操作工.北京:中国劳动社会保障出版社,2006.

[6] 黄东胜、邱斌.现代挖掘机械.北京：人民交通出版社，2003.